百角文库

中国传统服饰

侯佳明 周渝 著

中国少年儿童新闻出版总社
中国少年兒童出版社

北 京

图书在版编目（CIP）数据

中国传统服饰 / 侯佳明，周渝著. -- 北京：中国少年儿童出版社，2024.1（2024.7重印）
（百角文库）
ISBN 978-7-5148-8400-5

Ⅰ. ①中… Ⅱ. ①侯… ②周… Ⅲ. ①服饰文化－中国－青少年读物 Ⅳ. ① TS941.12-49

中国国家版本馆 CIP 数据核字 (2023) 第 245000 号

ZHONGGUO CHUANTONG FUSHI
（百角文库）

出版发行：中国少年儿童新闻出版总社 中国少年兒童出版社

执行出版人：马兴民

丛书策划：马兴民　缪　惟　　美术编辑：徐经纬
丛书统筹：何强伟　李　橦　　装帧设计：徐经纬
责任编辑：张翼翀　陈白云　　标识设计：曹　凝
责任校对：刘　颖　　封 面 图：赵墨染
责任印务：厉　静

社　址：北京市朝阳区建国门外大街丙 12 号　　邮政编码：100022
编 辑 部：010-57526321　　总 编 室：010-57526070
发 行 部：010-57526568　　官方网址：www. ccppg. cn

印刷：河北宝昌佳彩印刷有限公司

开本：787mm × 1130mm　1/32　　印张：3.5
版次：2024 年 1 月第 1 版　　印次：2024 年 7 月第 2 次印刷
字数：40 千字　　印数：5001-11000 册

ISBN 978-7-5148-8400-5　　定价：12.00 元

图书出版质量投诉电话：010-57526069　　电子邮箱：cbzlts@ccppg.com.cn

序

提供高品质的读物，服务中国少年儿童健康成长，始终是中国少年儿童出版社牢牢坚守的初心使命。当前，少年儿童的阅读环境和条件发生了重大变化。新中国成立以来，很长一个时期所存在的少年儿童“没书看”“有钱买不到书”的矛盾已经彻底解决，作为出版的重要细分领域，少儿出版的种类、数量、质量得到了极大提升，每年以万计数的出版物令人目不暇接。中少人一直在思考，如何帮助少年儿童解决有限课外阅读时间里的选择烦恼？能否打造出一套对少年儿童健康成长具有基础性价值的书系？基于此，“百角文库”应运而生。

多角度，是“百角文库”的基本定位。习近平总书记在北京育英学校考察时指出，教育的根本任务是立德树人，培养德智体美劳全面发展的社会主义建设者和接班人，并强调，学生的理想信念、道德品质、知识智力、身体和心理素质等各方面的培养缺一不可。这套丛书从100种起步，涵盖文学、科普、历史、人文等内容，涉及少年儿童健康成长的全部关键领域。面向未来，这个书系还是开放的，将根据读者需求不断丰富完善内容结构。在文本的选择上，我们充分挖掘社内“沉睡的”“高品质的”“经过读者检验的”出版资源，保证权威性、准确性，力争高水平的出版呈现。

通识读本，是“百角文库”的主打方向。相对前沿领域，一些应知应会知识，以及建立在这个基础上的基本素养，在少年儿童成长的过程中仍然具有不可或缺的价值。这套丛书根据少年儿童的阅读习惯、认知特点、接受方式等，通俗化地讲述相关知识，不以培养“小专家”“小行家”为出版追求，而是把激发少年儿童的兴趣、养成正确的思考方法作为重要目标。《畅游数学花园》《有趣的动物语言》《好大的地球》《看得懂的宇宙》……从这些图书的名字中，我们可以直接感受到这套丛书的表达主旨。我想，无论是做人、做事、做学问，这套书都会为少年儿童的成长打下坚实的底色。

中少人还有一个梦——让中国大地上每个少年儿童都能读得上、读得起优质的图书。所以，在当前激烈的市场环境下，我们依然坚持低价位。

衷心祝愿“百角文库”得到少年儿童的喜爱，成为案头必备书，也热切期盼将来会有越来越多的人说“我是读着‘百角文库’长大的”。

是为序。

马兴民

2023 年 12 月

目　录

序章　我们的服饰从哪儿来

穿衣打扮是我们每天都要做的事，看似普通，却蕴含着许多道理。比如夏天要穿短袖短裤，方便散热，冬天则要穿棉衣、羽绒服，保暖增温；过年时，爸爸妈妈会给我们买新衣服，寓意辞旧迎新；举办活动时，我们会穿校服、演出服，既有仪式感，又热闹非凡……

仔细观察，我们会发现日常生活中的服饰，不仅美观、方便穿着，还包含着许多象征意义。那么，在物质没有那么丰富的过去，古人是如何穿衣打扮的呢？

其实，古人的服饰大有讲究！我们说传统服饰时，通常包含“服装”与“妆饰”两部分内容。我国素有“衣冠上国”之称，服饰不仅有避寒暑、遮风雨的实用功能，还是文化与礼仪的象征。

在了解传统服饰之前，也许有人会问：我们的衣服是从哪儿来的？据说在远古时期，人们穿着朴素，兽皮、树叶等都可以围在身上。是谁改变了这样的穿衣方式？这不得不提到两个人，一位是神农氏，一位是嫘祖。

中国人号称“炎黄子孙”，“炎帝”就是神农氏，“黄帝”是轩辕氏。传说神农氏在分辨百草时，发现了一种名叫“麻”的东西。麻可以用来织布，布料可以用来缝制衣裳。于是，神农氏将“麻纺织”的技术分享给了百姓。

嫘祖是黄帝的妻子，她发现蚕这种昆虫吐出来的蚕丝可以用来织布，便将养蚕得丝的方法传授给其他人，这就是丝绸的起源。有了布料，中国人很快发明了一套服饰体系。

除了衣服，古人还在生活中不断发现美丽，妆点自己。原始时期，北京周口“山顶洞人”就已经开始用兽牙、鱼骨、蛤壳等做成项链，戴在身上。发簪、发钗、假发等工具，也在先秦时期出现，辅助人们完成复杂的发型。

今天，我们在日常生活中，虽然已不再常穿传统服饰，但回望服饰的来处，我们可以看到华夏民族生活中极为动人、鲜活的片段，看到前人凝结在细微之处的智慧，触摸到文明一呼一吸之间的脉搏。

第一章　汉服之始

1.汉代男子服饰

提到传统服饰，许多人会想到“汉服”。汉服通常有两个含义，一个是“汉朝的服饰”，另一个含义则是“汉族的服饰”，指从炎黄时期至明代灭亡，中间所有汉族人的服饰体系。因此，媒体上时常出现“唐制汉服”“明代汉服”等说法。

无论是汉朝的服饰，还是汉族的服饰，追

根溯源，都要从距今两千余年前的汉朝说起。汉朝时期，汉族的概念开始形成，服饰也形成了一个大一统的体系，我们可以通过现有的记载与文物，了解当时的穿衣打扮。

不过，在汉朝之前，服饰体系早已形成，最主流的衣服当属“深衣”。这是一种“连体衣”，分为“上衣”和“下裳”两个部分。人们将上衣与下裳缝合在一起，以缠绕包裹的方式穿在身上。

除了上衣与下裳相连外，深衣还有一个特征——交领右衽。“交领”是指古人穿衣时，要将两片衣襟在领口相互交叠；“右衽”指的是衣襟交叠时，要用左襟压右襟，反之则为“左衽”。怎样判断是否将衣服穿成“交领右衽”呢？很简单，从外表看，领口形成一个类似英文字母“y”的图案，即是右衽。

“交领右衽”的穿法，贯穿了汉服几千年的发展。“右衽”与“左衽”的穿衣区别，也是古代汉族人与其他民族同胞服饰的明显差异。

明代交领右衽形制汉服
出镜：周渝　摄影：《衣冠文明》展

汉朝时期，男子喜欢穿曲裾袍与直裾袍，这两种都属于上衣下裳的深衣形制，中间有腰线。这两种袍有什么区别呢？曲裾袍下摆呈三角形，穿着时要绕身体两三周，再用系带固定；直裾袍的下摆则呈长方形，绕半圈到身后固定即可。

男子穿直裾袍，戴东汉进贤冠
出镜：周渝　摄影：闻柳　妆造：凌波

有意思的是，曲裾袍与直裾袍没有性别限制，男女都可以穿。也就是说，在汉代，你能见到男女生穿着同一款式的衣服。不过东汉后，男子穿繁复的曲裾袍现象渐渐减少，直裾袍更受男子追捧。

有的伙伴会问，长袍看起来庄重又高雅，在古代，是不是只有贵族才能穿？

东汉末年，有一位清官叫羊续，他非常反感当时很多权贵的奢侈之风，便以身作则，穿破旧的衣服，吃粗劣的食物。在南阳郡做官时，羊续的妻子带着儿子羊秘前来探望他。羊续单独把儿子叫到房中，拿出自己的缊（yùn）袍给儿子看，告诉儿子自己的财产只有这些粗布麻衣。

缊袍是以乱麻旧絮做成的长袍，在汉代是穷人用来御寒的衣物。可见，袍这种形制的衣服，无论贵贱，皆可穿着，不存在“百姓只能穿短衣”的说法。而且，袍服在民间也十分流行，可以说是汉代的“国民服饰”了。

在曲裾袍、直裾袍之外，汉朝男子有时还

要穿一种名叫“襜褕（chān yú）”的服饰。“襜褕”是一种透明的襌（dān）衣。汉代初年，重大的礼仪场合之中，袍服不可以直接外穿，必须将襜褕罩在外面，以显庄重。

但从西汉中期开始，人们可以直接将袍服穿在最外层了，不需要加上襌衣。也正因为袍可以直接外穿，人们便开始在服饰细节上有所讲究，比如在领、袖、襟、裾等部位缀上带花纹的缘边。东汉后，袍服愈发精美，服饰上出现各种华美的纹饰。不仅男子将外穿的直裾袍、曲裾袍当作礼服，女子也是如此。公主、贵人、妃以上的女子婚嫁时，甚至穿着“十二色重缘袍”，装饰十分华丽。

虽然汉代对穿衣长度没有什么身份等级要求，但人们在日常生产劳动时，穿着宽袍大袖着实不方便，所以，精干的短衣就成为刚需。

其中一种常见的短衣叫“襦（rú）”，从现有的考古资料来看，襦有长至膝盖的，也有只到腰间的，有单层的单襦，也有内部加入棉絮的复襦，且大多袖口窄小。因为襦衣长较短，下身就需要搭配裤子或裙子。襦也是一种男女均可穿着的服饰。

无论衣服长短，汉代人都有系束带和配饰的习惯。也就是说，人们穿上曲裾袍、直裾袍后都要系腰带，有时还会佩戴玉质饰品，彰显自己的身份和气度。

汉代，男子也和女子一样，留着满头长发，但大家都不能披头散发，因为披发不符合礼仪。因此日常生活中，男子一旦成年，就要将头发梳在头顶，固定成发髻（jì），外面戴上冠帽。当时影响最大的冠帽要属“进贤冠”。西汉时期的进贤冠是一种直接戴在发髻之上的小冠，但到了东汉时期，冠与介（用来固定头发的裹发巾）结合，进贤冠看上去更像是一顶“帽子”。

2.汉代女子服饰

1972年，我国考古专家在湖南省发现一座西汉古墓，墓主人是一位名叫“辛追（一说为避）”的女性，她身上包裹着二十层衣服，为我们探索汉代女装提供了珍贵的资料。

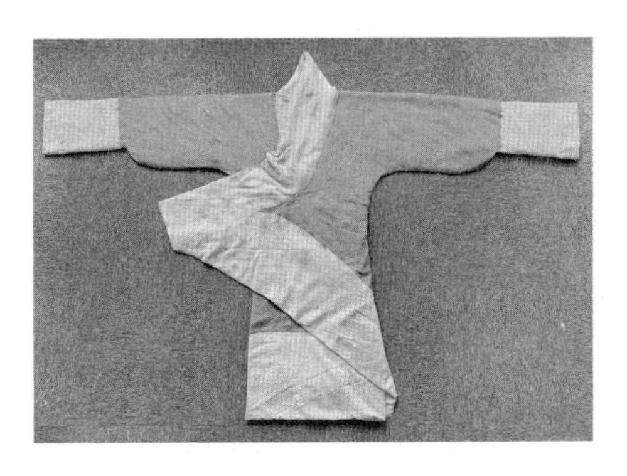

南京云锦研究所复刻的朱红菱纹罗丝绵袍，曲裾袍，原文物为马王堆汉墓出土

素纱襌衣，1972年湖南长沙马王堆一号汉墓出土，现藏于湖南省博物馆

辛追夫人的墓葬中出现了曲裾袍、直裾袍等，这些都属于深衣。在华丽的袍服之外，辛追夫人还穿了透明的素纱襌衣。这件襌衣非常轻薄，折叠后只有邮票大小，总重量仅四十九克。汉代女子在色彩鲜艳的服饰之外，套上一层轻薄的素纱襌衣，使里面服饰的衣纹若隐若现，越发衬托出汉代女子飘逸灵动的气质。

随着时代的发展，女子的衣服出现了新变化。曲裾袍与直裾袍被锁在了衣柜里，上襦与

女子穿曲裾袍
出镜：璇玑　摄影：郑宇翔
妆造：凌波

女子穿直裾袍
出镜：璇玑　摄影：闻柳
妆造：凌波

下裙分开的样式，成了流行的新趋势。这就好像今天的女孩子不再穿连衣裙，开始穿衬衫搭配半身裙一样。

值得一提的是，襦在腰间部分有一块白

女子穿着襦裙

出镜：侯佳明　摄影：朱莫诩

妆造：孟宁

色的横布条，这个结构叫“腰襕（lán）”，可以用来保护小腹。

襦在当时有多受喜欢呢？西汉赵飞燕被封为皇后时，妹妹赵合德送她的礼物中就有襦。最华丽的襦当属“珠襦”，也就是用宝石珠、珍珠、金银珠穿连制作成的，光彩夺目，异常昂贵，通常只有太后、皇后等贵族女子能使用。

穿了襦，下身必然要穿裙。汉代女子的裙子通常是由多条布幅拼接而成，被称作“交窬

（yú）裙”，并且，汉代女子喜欢在裙子上打褶（zhě）。那时候没有松紧带，所以要在腰上系细带以固定。

关于褶裙，《飞燕外传》曾记载过一个有趣的故事。汉成帝与赵飞燕游于太液池，忽然吹起一阵大风，苗条的赵飞燕几乎被吹走，伴驾的冯无方赶紧抓住赵飞燕的裙角，这才留住了赵飞燕。宫人们发现，被风吹出褶子的裙子很漂亮，于是纷纷在裙子上制作裙褶，并给这种裙子取了一个好听

女子穿着襦裙搭配半袖
出镜：参商　摄影：君墨

的名字——留仙裙。

东汉时期，女子开始在襦外穿半袖，袖口还会缝上像荷叶边的装饰物。很快，襦裙搭配半袖的穿法，成为大行其道的爆款，一直到魏晋时期，都深受女子的喜爱。

3.纷繁的汉晋妆发

汉代的女子已经开始研究怎样养护头发了。她们喜欢用一种名叫“香泽”的护发用品，滋养自己干枯的发尾，再用篦（bì）子刮去头上的皮屑和发间的虱子，最后用梳子将一头秀发挽成发髻，收拾整洁。

当时，年龄小的女孩常常梳“双丫髻”，这种发型又叫“总角”，即上半部分的头发在头顶扎成两个对称的小发髻，下半部分的头发披散开。

当女孩长到十五岁，就到了成年的年纪，这时候，爸爸妈妈就会把她们的头发全部梳理成一个发髻，为她们举办加笄（jī）礼仪。“笄”就是发簪，换发髻，加发簪，意味着女子成年，可以谈婚论嫁、承担社会责任了。

西汉时期，长成大人的女子喜欢梳“垂髻”，她们任青丝自然下垂，在脑后扎个花样。垂髻非常能彰显头发柔黑亮丽之美。据说，西汉武帝的皇后卫子夫，就拥有一头非常漂亮的秀发。她出身贫寒，

女子穿曲裾，梳西汉垂髻
出镜：姚旋_西子

在平阳侯府做歌姬的时候，邂逅了武帝，武帝当即被她的秀发和歌声所吸引，将她带回宫中，后来封为皇后。或许正是搭配着垂髾这样的发型，才愈发衬托出卫子夫的雪肤花貌。

东汉时期，之前顺乎天然的垂髾已经过时，贵族女子纷纷把秀发拢在头顶，编成硕大

女子梳东汉高髻

出镜：侯佳明、璇玑　摄影：闻柳　妆造：凌波

的高髻。当时歌谣曾唱："城中好高髻，四方高一尺。"东汉女子将高髻梳成各种各样的形态，在头顶上尽情地发挥着自己的创造力。

汉明帝的马皇后头发很长，在头上梳好一个发髻后，仍有多余的头发，便将多出来的头发编成三只发环，固定在发髻旁边，这种发型被称作"四起大髻"。

东汉甚至还出现了引领时尚潮流的"美妆博主"。大权臣梁冀的妻子孙寿长得非常美丽，十分擅长打扮。她画八字眉，作啼哭妆，还把头发梳成"堕马髻"——发髻拢在头顶，却向一侧倾倒，远远看上去，像女子从马上倾倒。孙寿走起路来扭动身姿，微笑时以手抚面，宛如牙痛一般。她的姿态和别出心裁的妆发，很快吸引了其他女子的注意，于是大家纷纷效仿她。

做了美丽的发型，汉代女子还要搭配精致的妆容。这一时期，化妆属于贵族女子的特权，平民百姓没有能力使用化妆品。贵族女子的化妆盒里，粉底、胭脂、石黛都是必不可少的东西。她们用铅粉和米粉敷面，让自己的皮肤白皙嫩滑，用胭脂做口红和腮红，用石黛画眉。不过，汉代人不知道，长期使用铅和水银对身体有害。大家千万不要效仿噢！

到了魏晋南北朝时期，贵族女子的发型和妆容变得更为多样、大胆，呈现出百花齐放的样态。最为流行的发型当属“缓鬓（bìn）倾髻”，女子将鬓角的头发梳得精致而厚重，高髻则松松垮垮，向后倒去。为了梳好倾髻，发量不够的女子开始使用假发。当平民女子遇到人生中重要的时刻，想要用假发梳高髻时，便会找人借假发，这一行为被称作“借头”。

女子梳缓鬓倾髻
出镜：侯佳明　摄影：朱莫诩　妆造：孟宁

南北朝的女子还喜欢在脸上戴花钿。花钿又名“花子”，常被贴在眉间，它的诞生还有一个美丽的故事。

相传，宋武帝的女儿寿阳公主仰卧于含章殿下，一朵盛开的梅花悄然落在公主额头，随即在额间染上花瓣的印记。宫女们见得寿阳公主额间的印记美丽，心生艳羡，便争先效仿，纷纷将梅花贴在额上。久而久之，这种面饰从宫廷流传至民间，因来源于寿阳公主，故又称“寿阳妆”。

4.从考古文物看汉代戎服

《史记》里记载了一则很有名的故事，西汉名将周亚夫晚年因为偷买了朝廷禁止交易和私藏的五百甲盾，被人告发。负责调查的廷尉见了他，立刻问：“你想谋反吗？”周亚夫赶忙解释，那些都是打算用来给自己陪葬的器物，他一个行将就木之人，怎么会谋反？谁知，廷尉当场撂下这么一句话：“你就算生前不谋反，死了也会在阴曹地府做个反贼。”结果，一代名将就这么被气得吐血身亡。

“甲盾”即铠甲和盾牌，是古代的军事装备。在考古过程中，疑似周亚夫墓的陕西咸阳杨家湾4号墓里，并没有见到随葬甲盾的痕迹，但杨家湾汉墓出土的汉兵马俑，却足以让后人一窥汉军的威仪。

杨家湾汉墓出土的汉军俑

杨家湾墓葬的兵马俑一定程度上反映了汉代军戎服饰的情况。军戎服饰又称戎服，是为了便于行军、骑射等活动所设计的服饰。广义上讲，也包括为了加强身体防护而装备的各式各样的甲胄。从文物中不难发现，士兵们所穿的直裾袍，下摆比平常穿的直裾袍更短。

在戎服体系中，士兵还会佩戴表明身份的“徽识”，上面标有姓名、职衔、兵种等信息。

徽识有什么用呢？第一是表明士兵的个人

汉代士兵戎服展示

出镜：周渝、卢龙 摄影：朱莫诩

身份，万一作战不幸阵亡，也好识别收敛遗体；第二是识别阵营、兵种，以防双方一开战就敌我不分，乱成一团。汉代军队的徽识主要分章、幡、负羽三种。其中，章最为普遍，是古代士兵以及其他参战平民必须佩戴的徽识。

由于西汉时期贵族、将领有将铠甲纳入陪

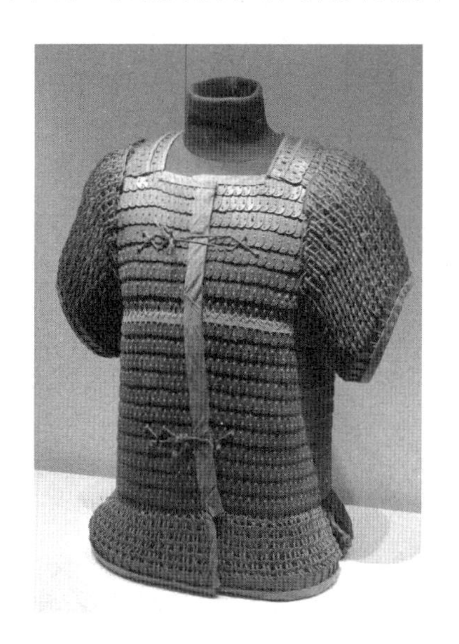

汉中山靖王铁甲（复制品），现藏于河北博物院。此甲共有甲片2859片，重16.85千克，甲片由纯铁热锻制成

葬品的习惯，使不少西汉甲胄在今天的考古过程中得以重见天日。综合文物来看，汉代甲胄的甲片向着越来越密、越来越小的趋势发展。甲片变小可不是因为材料受限，而是为了减少单块甲片的受力面积，提升甲胄的抗击打力；另外，小片甲穿在身上，会比大片甲感觉更加柔软、灵便。

5.褒衣博带的魏晋风度

魏晋时期服饰最明显的特点是：褒衣博带（着宽袍,系阔带），飘逸宽松。这究竟是什么模样？我们可以在东晋顾恺之的画作《洛神赋图》中找到答案。

《洛神赋图》是根据曹植的文章《洛神赋》改画而来，讲述曹植经过洛水时，邂逅了神女洛神，最后二人依依惜别。画作中，曹植一行人的服饰很大程度上延续了东汉时期的袍服形制，为交领、右衽、广袖，衣长及地，袖子自然下垂大敞。

从众多南北朝古墓出土的画像砖中，我们也能发现“竹林七贤[①]”的穿衣风格。他们袒胸

图为北京故宫博物院藏《洛神赋图》局部，
其中坐在当中的男子为曹植，衣装宽袍大袖

① 竹林七贤：魏末晋初的七位名士，他们是阮籍、嵇康、山涛、刘伶、阮咸、向秀、王戎。

仿《洛神赋图》服饰展示
出镜：周渝、侯佳明　摄影：闻柳　妆造：盛春花

露怀，衣着宽松自然，放荡不羁，游于竹林丛树之间，将不慕权贵、不拘礼法、清静放达的思想感情表现得淋漓尽致。

虽然名画和文物让我们得以一睹魏晋南北朝时期名士们狂放的穿衣风格，但也有人生疑，这种服饰不仅耗费衣料，行走起来也十分不方便。尤其在动荡年代，穿这样的衣服连逃命都跑不快，为什么它能流行数百年之久？

鲁迅先生将这种穿衣审美归结于“服药”。原来，魏晋名士有吃“五石散”强身健体的习惯。实际上，五石散具有毒性，人服用后会出现“全身发烧”的情况，为了散热，就得“衣少，冷食”。所以，穿厚衣服的名士越来越少。由于皮肤发热、变薄，为了预防皮肤被贴身的衣服擦伤，人们就喜欢穿宽大的衣服。一班名人服药，穿的衣服越来越宽大，普通人也跟着效仿，宽大的衣服很快就流行开来。

除了“服药”风气的影响，其实自东汉以来，贵族男子的衣袍就有越来越宽大的趋势。另外，东晋的朝廷设立在江南地带，气候湿润温热，为了避暑，服装的用料也越来越轻薄，衣袖也更加宽大透气。

魏晋时期的名士还喜欢穿木屐，可以说是当时的凉鞋，很适合在气候炎热的南方使用。到了南北朝，尽管都城设在建康（今江苏南京），男子也延续了穿木屐的喜好。当时臣子朝见君王时，君王甚至也穿木屐。

魏晋时的女子服装，延续了东汉末年的襦裙结构，女子上身着襦，下身着裙，也有更飘逸的特点，而且颜色和纹样更为漂亮复杂。

第二章　盛世大唐的霓裳羽衣

1.引领大唐三百年潮流的圆领袍，李白、杜甫都穿它

唐人柳诞怎么也想不到，自己身为负责大都市洛阳治安的官员，竟然会因为穿衣问题而招来一顿毒打。

论述历代典章制度的《通典》里记载了这样一则故事：唐高宗年间的一天夜里，负责城市治安的洛阳县尉柳诞上街巡逻，没想到却被自己的部属拦住去路。原来，唐代实行严格的宵禁制度，禁止夜间活动。无论多么繁华的城市，黄昏之后都会陷入寂静，街上只有巡逻的衙役。这帮衙役将柳诞当成了违反宵禁的街溜子，抓住后二话不说，将柳诞一顿痛殴。

堂堂县尉竟然被当成作奸犯科之徒当街殴打，此事一出便闹得沸沸扬扬，很快传入唐高宗的耳中。经调查，才知道是因为柳诞当天穿了一身黄色圆领袍服的缘故。当时，黄色袍服可以被社会各阶层的人员穿着，他这身衣服被衙役误认为是闲杂人等，这才导致被误打。这事件发生后，唐高宗以“章服错乱”为由，颁布了一系列关于服色等级的规定。

为何柳诞身为官吏，夜晚因公出行，只是没有穿制服就被误殴呢？其实，只要了解唐人的穿衣习惯，就不难解释这个问题——身处唐

男子着唐代圆领袍
出镜：周渝　摄影：梁咩咩　妆造：盛春花

代社会，制服、官服与日常服饰之间的界限非常模糊，如果不根据金鱼袋、金鱼符等表明身份的信物来识别，很难判断谁是官、谁是民。因为日常生活中，上至帝王将相，下至黎民百姓，所有男子几乎都穿着一身圆领袍。

与之前的汉服相比，圆领袍的领子结构不再是交领，而是呈圆形，且袖子变窄，更方便

唐代圆领袍翻领穿法展示图
出镜：麻雀　摄影：梁咩咩

行动。从考古成果以及美术遗存来看，这种服饰明显是受到北方游牧民族的影响。安史之乱前的大唐社会海纳百川、包容开放，在这样的环境下，圆领袍这种集实用与美观于一体的新式服装，被各阶层接纳，迅速火遍大江南北。

圆领袍在当时的影响有多大？我们以一幅传世名画为例。现藏于北京故宫博物院、传为阎立本所绘的《步辇图》，表现的是贞观十五年（641年），吐蕃王松赞干布派使者禄东赞到长安的场景。图中禄东赞前方站有一名赞礼官，后方有穿白衣的翻译员，二人都穿着圆领袍。禄东赞的袍服纹样具有异域风格，但样式也与圆领袍非常相近。

阎立本《步辇图》（局部）

此外，我们熟悉的唐代诗人李白、杜甫、白居易等人，都穿过圆领袍。圆领袍也并非一成不变，到中晚唐时，圆领袍的衣袖逐渐宽大，因为在当时人的心目中，褒衣博带是华夏衣冠的特点。到宋代时，小衣窄袖的圆领袍终于被广袖宽衣所取代，并成为主流。

2.大唐贵妇怎么穿

唐朝时期的女装有着丰富的形制。日常生活中，女子一般是上衣下裙的穿法。有意思的是，这一时期女子的裙子不仅能穿在腰上，还可以提到胸口，呈现出上身短、下身长的样态。

对于贵族女子而言，“披帛（又称帔子、披子）”是必不可少的单品。披帛的穿法大致分为两种，一种是将它围搭在肩上，另一种则是将披帛的一面搭在肩上，一面垂在手臂上。

女子着襦裙，外搭大袖披衫
出镜：侯佳明　摄影：朱莫诩　妆造：盛春花

穿上披帛的女子看起来宛如神人一般，飘飘欲仙。穿戴披帛的一般都是贵族妇女，普通人家的女子要操持生计，穿披帛可就碍事了。

唐朝时还流行一种短袖的罩衣，名叫半臂，也称为褙子。半臂既可以穿在外衣里面，用以支撑衣衫，也可穿在上衣最外层。盛唐时期以胖为美，唐代女子就将褙子穿在上衣里面，来彰显自己的美丽。

杨贵妃是唐朝的“时尚达人”，她喜欢穿黄色的裙子，披紫色的披帛，这种穿搭引得众人纷纷效仿。不过，此时的衣装以修身简朴为主，袖口比较窄小，裙身贴合曲线，和我们在许多电视剧中看到的“宽袍大袖”杨贵妃形象并不一样哟！

那么唐代的女子从什么时候开始，日常生活中会穿大袖的衣服呢？恐怕最早也要追溯到中唐时期。当时的女子从礼服中发现了一种叫“披衫”的衣服，它较为宽松，袖口宽大，衣长接近脚踝，布料较为轻薄，衣身两侧开衩。渐渐地，披衫就被大唐贵妇搭在衣裙之外。

由于披衫的布料非常薄，只能在春天、夏天、秋天穿，到了冬天，唐代贵妇便穿“披袄”。袄的布料比衫厚实，而且为了保暖，披

女子穿襦裙，外搭绿色披袄，头梳堕马髻
出镜：长真　摄影：朱莫诩

袄做得更贴合身形，看起来很像今天的大衣。

在唐朝，还有一个穿衣现象值得介绍，那就是女子也可以大大方方地穿男装！当女子身穿男装圆领袍时，脚下既可以配女鞋，也可以搭配男靴；头上不仅可以戴男子用的幞（fú）头（一种头巾），还可以梳繁复多样的发髻；

可以素颜上街，也可以化上精致的妆容。据说，唐玄宗与他心爱的杨贵妃，就曾各自有一件一模一样的圆领袍，算是史书中记载的“情侣装”了。

3.大唐女子的梳妆盒

唐朝的女子喜欢梳高髻，把一头青丝规整地束在头顶，借助假发，挽成好看的花样。唐太宗时期，宫中女性的发型朝着更加硕大、华丽的方向发展。大臣皇甫德担心社会风气会因此变得骄奢淫逸，对宫人梳高髻一事展开批评，引得唐太宗大怒，问道：“难道你希望宫里的人都没有头发吗？”对于当时有人质疑，女子过于奢华的发型与妆容，会引发国家衰败的观点，唐太宗也非常不满，表示高髻与王朝兴衰并没有关系。

有了帝王的欣赏与支持，大唐女子便大胆地探索丰富多彩的发式。接下来，我们介绍几款唐代流行的发型。

女子梳双环望仙髻
出镜：灵贞　摄影：闻柳
妆造：盛春花

双环望仙髻：一种将头发中分为两部分，各自缠绕成高大的环形，固定在头顶的发型。

同心髻：又称螺髻，将发髻梳成锥形，盘于头顶。与之相对应的是双螺髻，又叫交心髻，两个尖尖的锥状发髻，一左一右斜立在头上。

蝉髻：又称“两鬓抱面”，将额前一圈的鬓发梳高，脑后的头发扎成垂于耳畔的发髻。在蝉髻之上，还可以梳各种各样的发髻，比如倭堕髻，就是在梳好蝉髻后，利用剩下的头发或假发，在头顶梳上个小髻，垂在额头前。

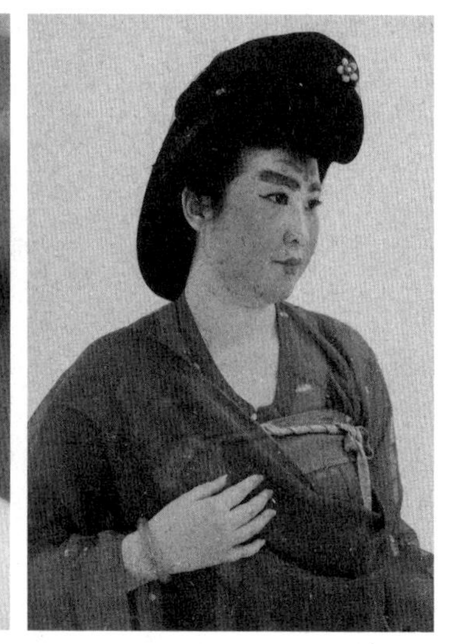

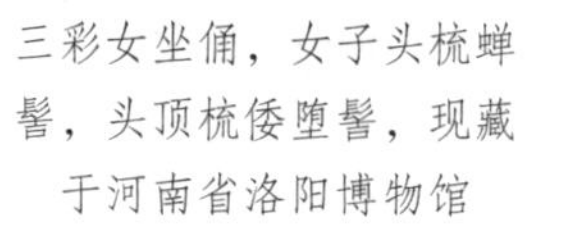

三彩女坐俑，女子头梳蝉髻，头顶梳倭堕髻，现藏于河南省洛阳博物馆

女子梳倭堕髻
出镜：长真　摄影：梁咩咩

囚髻：起源于唐僖宗的战乱时期，为适应逃亡，宫人只能简单打理头发，不料竟成为一种流行风尚。囚髻也梳在蝉髻之上。

双鬟（huán）髻：头发梳成两个环形，通常为未成年的女子发型。在古代，未成年的女子常梳左右对称的“总角”，在双环发式与高

女子梳囚髻
出镜：杨云泽　摄影：朱莫诩

髻之间，横亘着象征“成亲”的重要含义，一旦女子成年，嫁做人妇，就不再梳双鬟髻了。

除了发型，唐代的妆容也多样复杂。盛唐时期流行红妆，当时的女子喜欢将整个面颊涂红。《开元天宝遗事》中写，杨贵妃喜欢出

女子梳双鬟髻

出镜：秦智雨　摄影：朱莫诩　妆造：盛春花

汗，用帕子擦下的汗水红腻而多香，可见妆容之浓。中唐以后，又流行白妆，女子的面颊被粉傅白，更为清新淡雅。

唐朝的女子喜欢贴花钿，有的在整个额头上贴上巨大的花钿，有的则把细小的花钿错落有致地布满面颊，娇俏妩媚。

唐朝还流行过多种多样的眉妆：有眉心收紧、眉尾飞扬上挑的涵烟眉；有宽阔而弯曲，与黑唇相搭配的八字眉；有状如柳叶般的柳叶眉等。安史之乱后，唐明皇命画师收集当时最盛行的眉妆，作《十眉图》，足见唐人对眉毛的重视。

4.甲光向日金鳞开：大唐明光传奇

“黑云压城城欲摧，甲光向日金鳞开。角声满天秋色里，塞上燕脂凝夜紫。”诗人李贺的《雁门太守行》，将大唐帝国边塞军营的肃穆悲壮写得淋漓尽致：塞上苍莽，金甲耀日。曾让无数国人骄傲的大唐帝国甲胄又是什么模样呢？

唐代甲胄中，名气最大、争议最多的，当属明光铠。什么是“明光铠”？有人认为，这种铠甲主要出现在古代雕像上，板状的护甲在太阳照射下闪闪发光，故称“明光”。还有人主张“明光”是做了强烈抛光处理的金属甲片。这种甲片能产生明亮的反光，在阳光下夺目刺眼，使敌军头晕目眩，也给披甲的人创造了有利的杀敌机会。

相比之前的甲胄，唐朝的明光铠在美观层面也更进一步，最明显的特征是出现了兽吞。所谓“兽吞”，指的是甲胄肩部或者腰带部分，出现虎头、狮面、龙首等金属护具装饰。

有观点认为，兽吞最早被突厥人使用，在北方天气寒冷时，披在甲胄肩膀部位御寒。随着唐和突厥交战，双方互相学习，唐朝人也受到了影响，只是在后来的发展中，兽吞的材质从兽皮演变成了金属。

另一种说法认为，兽吞的出现与唐代陌刀

贴金彩绘武官俑，现藏于陕西历史博物馆，陶俑身着华丽的唐制明光铠

的普及有很大关系。陌刀两面开刃，全长一丈（约三米）、重十五斤，杀伤力相当强。甲胄的肩部出现兽吞，是为了应对陌刀等新武器的攻击，增加对肩、臂等部位的防护。

唐代的甲胄在艺术美学方面也颇有造诣，

唐代绢甲展示图
出镜：杨悦 摄影：梁咩咩

许多华美、精致的甲胄形象在这一时期涌现，如绢甲。绢甲的主要材料有绢帛、皮革及部分金属材料，这种甲以图案华美的绢或织锦为面料，内衬加数层厚棉制成，通常是宫廷侍卫、武士所穿的仪仗用甲。五彩斑斓的绢甲亦是盛唐戎装走向巅峰的象征，大气恢宏的甲胄搭配各种金属饰品，绘制了一幅令人梦回千年的盛唐画卷。

第三章　清新风雅的宋代服饰

1.宋朝官帽上的“长耳朵”

宋朝的男子服饰继承了唐朝以来的传统，也出现许多创新与发明。从很多古画中就能一睹宋人的着装风采，如张择端的《清明上河图》中，展现了市民、货郎等普罗大众所穿的服饰。此外，在《货郎图》《听琴图》等传世名画里，我们也能清晰地看到各种宋服的细节。不过，宋朝男装最具有标志性的，大概是

《宋理宗坐像》，宋理宗所戴的幞头有两根长长的帽翅

身穿宽袍大袖的圆领袍，头戴展翅幞头的形象，宋朝开国皇帝赵匡胤（yìn）的画像就穿着这种服饰。

“展翅幞头”指的是宋朝人帽子上左右两根长长的帽翅，像两个长长的耳朵。关于展翅幞头，还有一段被人们津津乐道的传说故事。

传说赵匡胤建立宋朝后勤于朝政，但他在早朝时，发现底下的官员们总是交头接耳，非常不高兴。为了防止这种情况发生，赵匡胤想了个办法——在帽子后面加上两根长长的帽翅。这样一来，官员们的距离就被这两根帽翅隔开，不能交头接耳、窃窃私语了。

这个故事虽然很生动，但实际上是后人杜撰的。“长耳朵”其实是由宋朝人的审美发展而来，不是忽然出现的，而是经历了一个漫长的发展过程。

官帽上的“长耳朵”原来只是固定帽子的带子，从隋唐时的幞头角演变而来。幞头是一块黑色的方形织物，有四个角，盖在头顶以后，两角在后面打结下垂，两角反折到头顶上打结固定，也叫“折上巾”，宋朝的正式文献中，也依然直接称这种官帽为“幞头”或“折上巾”。

飘垂在后面的幞头角逐渐成为幞头的装饰重点，古人想方设法做各种夸张化改造。从初唐到晚唐，幞头角变得越来越长，还在里面加了骨架，拗成各种固定造型，或成八字外撇、或左右平伸、或斜向上，又出现长脚、展角、交角等各种造型。晚唐时，向左右伸长的平幞头脚逐渐流行，到了宋朝，就形成了展翅款式。

宋朝的圆领袍比唐朝时更加宽松，不仅皇帝穿，官员也穿，只是称呼不太一样。皇帝穿的叫“常服”，官员穿的叫“公服”。官员的公服颜色从高到低依次有紫、朱、绿等。

赵孟頫绘《苏轼像》

宋朝文人所穿的服饰多种多样，有圆领袍，有上衣下裳的复古长衣，有交领直裾，有的最外层还会穿长褙子搭配。当时的文人群体中还流行一种被称为“道衣”的服饰。元初画家赵孟頫所绘的《苏轼像》中，苏东坡就身穿道衣。这种服饰的剪裁直通而下，上下一体，看起来仙风道骨。

《东京梦华录》里说，宋朝时期的京城服饰制度很严格，各行各业都有自己的“工作装”，没有人敢乱穿。所以，如果你熟悉宋朝人的穿法，走在大宋京城的街头，看到别人穿什么样的衣服，也许就能猜到对方的职业。

2.清新淡雅的衫子与褙子

唐朝女子浓艳华美、富贵逼人的装束，最终被宋朝女子扫进了历史的故纸堆里。在宋代，斑斓缤纷的色彩已不再流行，清新淡雅成了服饰的新时尚。比起大面积浓墨重彩的装饰，宋代女子更喜欢在细节上下功夫。

宋朝女子最喜欢的服饰，当数衫与裙。衫是一种长过腰部的上衣，但长度一般不超过小腿，通常为窄袖。衫分为交领右衽衫和对襟衫。对襟衫的衣襟呈平行状，从领口至下摆自然下垂。

女子在穿对襟衫时，因为衣襟敞开，所以里面必须穿着其他衣物，最常见的就是抹胸。有时，对襟衫外面还会再加一件背心。在宋代，上至皇室女子，下至平民女子，都很喜欢抹胸、对襟衫、裙的组合穿搭。

褙子与衫非常相像，但穿着场合更正式。另外，褙子比衫更长，长度往往到脚踝，而且褙子的衣服边缘一般有装饰。褙子的里层既可以穿抹胸，也可以搭配交领衫。

在宋代，褙子带有一些礼服的属性，而且社会各阶层的女子都可穿着。女孩子办成人礼时要穿褙子，象征自己已经长大。公主出嫁时，嫁妆里也有褙子。皇宫举办宴会时，太后

女子着衫与褙子，内搭抹胸，下穿裙
出镜：虞鸝、郝曼

穿黄褙子，太妃们穿红褙子。在民间，最上等的媒人穿紫褙子，年轻的歌姬穿颜色鲜艳的衫，年长的歌姬穿红褙子。

宋代画家萧照的《中兴瑞应图》第一段，描绘了一个宫廷故事。图中为首的妃嫔是宋高宗的母亲韦氏，身穿红色褙子，衣襟、下摆、袖口等边缘都饰有黑边白花的衣缘。她身后站着的贵妇中，有人身穿褙子，有人身穿衫，她们都是宫廷中身份尊贵的女子。

韦氏年轻时曾做过侍女，与另一位乔姓侍女互为姐妹。两人约定，无论谁过上富贵的生活，都不能忘记另一个人。后来，乔氏被宋徽宗喜爱，便向宋徽宗推荐了韦氏。韦氏在给宋徽宗做妃嫔时并不受宠，多年来只生下一个儿子赵构，赵构也因母亲的原因，被父亲宋徽宗冷落。靖康之难后，金人杀入国都开封，包括韦氏在内的大批皇室成员被押往北方，受尽凌辱。恰巧当时赵构不在开封城内，因祸得福，逃过一劫，而后继承皇位。多年后，宋高宗赵构将母亲韦氏迎回宫内，尊为太后，韦氏晚年尽享富贵。

《中兴瑞应图》中刻画的，就是年轻的韦氏用棋子占卜，把写有赵构名字的棋子纳入九宫格中，而写有其余皇子名字的棋子都无法进入，预示着赵构将来得继大统。图中的妃嫔将褙子当作常服，她们身量纤细瘦削，仪态婉约含蓄，代表着宋代对女子的审美观念。

除了衫、褙子、裙等尽显女子柔美气质的服装外，宋代一些宫女、侍女、女乐工还喜欢穿男装。她们身上穿着窄袖圆领长袍，围着护

《中兴瑞应图》局部，图中韦氏身着红色黑边白花褙子，搭配抹胸与裙

腰，发型却保留着女子的发式。她们穿男装的原因，大抵是为了方便劳动，且穿男装的多为年轻女子，很少有成熟女子。

3.大宋女子的梳妆盒

告别了大唐妆容的浓艳新奇，宋代女子的妆容呈现为一种似有似无的清新淡雅之美，从前甜腻的酒晕妆不再风靡，宋人喜爱“薄妆”。“薄妆”又称“素妆”，类似于今天的“伪素颜妆”，虽然女子也会涂抹腮红、口红，但颜色较淡，追求自然天成、“有妆似无妆”的效果。

除了朴素自然的底妆，宋代女子还钟爱小巧纤细的眉形，长蛾眉是两宋最为流行的眉妆。不过，如果认为宋代女子只画单一的长眉毛，那就大错特错了。宋代人对眉毛的研究和创新能力，不亚于唐代。

在宋人陶谷所写的《清异录》中，记载了一个名为莹姐的女子，每天所画的眉毛形态各异，没有重样。当时的人开玩笑，说西蜀曾有《十眉图》，莹姐的眉毛可作《百眉图》，几年之后，足够写一部《眉史》了，由此可见当时的眉妆式样有多丰富。

宋朝美女还对面靥（yè）做了创新，最为

宋钦宗朱皇后大礼服像中脸上的玉靥

醒目的要数“玉靥”。它以珍珠、宝石为原材料，女子将它贴在额头、太阳穴、面颊处。宋朝的许多皇后与宫女，都喜欢贴玉靥。

宋朝女子喜欢戴冠，梳好发髻后，将造型各异的冠套在发髻之外。这些冠有的造型高大夸张，有的用料珍贵。由于当时流行戴长冠，一些女子出行坐车时，需要侧着脑袋才能进入车檐。

梳好发髻、戴好冠还不够，宋朝女子要在鬓发间插一朵怒放的花儿才算圆满。头上簪花的习俗，虽然早就出现，却是在宋代才盛行。

宋代，不仅女子戴花，男子也戴花。人们既戴新鲜盛开的真花，也戴罗帛、通草做的假花。而且，大家会根据不同的季节、时令搭配不同的花朵。比如，元宵节之夜，女子头戴珠翠、闹蛾、玉梅等，“闹蛾”是彩纸做的花朵、虫草，“玉梅”是白绢做的梅花；端午节时，城内外的茉莉花纷纷盛开，女子将茉莉摘下，戴在发髻之间；立秋那天，妇女、儿童买来楸（qiū）叶，剪成花的模样，插于鬓边；重阳节时菊花开放，便将菊花戴在头上。甚至还有人将春天开的桃花、夏天开的荷花、秋天开的菊花、冬天开的梅花凑在一起，做成“一年景”，象征着将一年的花事拼接于一处。戴着热闹非凡的“一年景”，仿佛一年的光阴与快乐都陪伴在自己身边。

4.两宋戎装：缔造大美中国甲

唐朝末年，许多武将拥兵自重，对中央统治造成了威胁。宋太祖赵匡胤吸取教训，以文臣统兵，形成了重文轻武的局势。但重文轻武不等于不修武备，相反，宋朝在兵役和武备方面的制度更加完善。

宋朝不仅兵制上等级分明，军用的甲杖装备也都由朝廷军器监负责制造。赵匡胤在京师设置了南、北作坊（神宗时期改为东、西作坊），专司制造兵器、甲胄等武备物资，并亲自检查，使作坊出品的兵器与甲胄质量大幅度提升。

当时，兵器和甲胄的制造都有严格的规定，比如制作一领铠甲，需要经过五十一道工序，铠甲不同部件所需甲片数、重量都有明确规定，甲胄走向规范化、统一化。

不过，宋朝制甲工艺的提升，也使得甲片非常坚硬，活动时往往会磨伤人的肌肤。为此，宋太宗在996年专门下诏，命令制甲时一定要在甲身内部衬以绸里，也就是在里面加一层布料。虽然这种设计一定程度上降低了铁甲

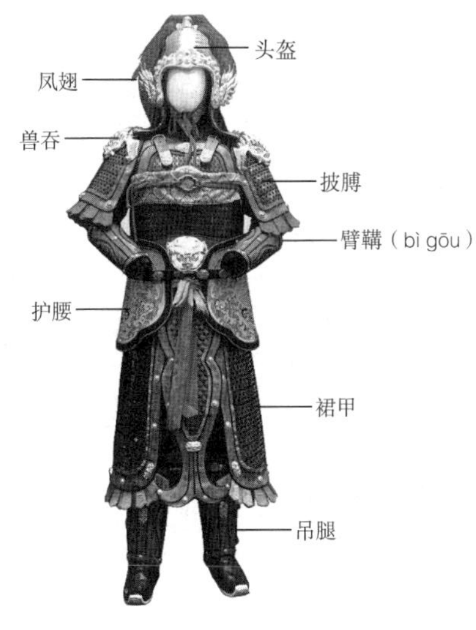

宋代将军甲

对肌肤的磨损，但仍然不能完全解决问题。于是，又出现了一种名叫“胖袄”的厚棉戎服。

有了“胖袄”，皮肤被磨损的问题虽然解决了，但新问题也随之产生——军士的甲衣更重了。甲衣到底有多重呢？宋高宗在1134年规定，甲胄的重量不能超过二十九点八公斤。可见，之前的甲胄重量也许超过了二十九点八公斤。

考虑到穿甲作战相当具有挑战性，宋代招募士兵时都要以“胜举衣甲者”优先。对于身穿铁甲的军士，礼仪上也只需要行拱手礼，而不用跪拜，也就是军礼中的“介胄不拜”。

臂鞲是宋朝时期比较特色的装备，套在小臂上，类似今天的袖套，只不过材质多由皮革、金属制成。

有人认为，臂鞲的产生与少数民族驯养矛隼（sǔn）等鸟类有关。游猎时，矛隼栖息在主人的手臂上，由于它们的爪子尖锐有力，容易抓伤手臂，所以人们需要使用臂鞲来保护手臂。也有说法认为，古人在射箭时，弓拉满后，持弓的手臂很容易受伤，因此出现了保护手臂的臂鞲。

早在汉晋时期，臂鞲就出现了，但当时并不流行。到了北宋晚期，臂鞲逐渐普及，且有

宋画《大驾卤簿图书》中的北宋骑兵，
表现北宋皇宫仪仗队的华美甲胄

了许多纹样，十分华美。

宋代甲胄是魏晋南北朝以来甲胄发展的巅峰，兼具防御性和美观性，最终成为中国甲胄的标志。但入宋后，火器开始在战争中使用，尽管早期火器的威力不能与后世相比，甲胄依然在很长一段时间主宰战场，但火器的出现无疑也宣告了：在以后的战争中，甲胄的作用将会越来越小，最终退出历史舞台。

5.塞上苍狼：海纳百川的冠服与戎装

宋朝时期，契丹人在北方建立了辽国。契丹人非常具有辨识度——他们的发型实在太特别了！

契丹人因为经常出入丛林狩猎，为了避免骑马时头发被树枝挂到，索性将头发剃了或编成小辫，即髡（kūn，剃发）发传统。髡发有多种发式，共同特征是将头顶部分的头发全部或部分剃除，只在两鬓或前额部分留少量余发作装饰。

辽代主流服饰有两种，一种为契丹服，一种为汉服。有意思的是，契丹服中的圆领袍形制，

辽代《备猎图》，能够看到辽代时契丹人的特别发型

深受唐代圆领袍的影响，外貌非常相像；交领袍方面，汉服为右衽，契丹族则“衣皆左衽”。根据《辽史·仪卫志》所载，在辽立国之初，北部臣子穿契丹服，南部臣子穿汉服的现象就已经出现。随着时代推移，宋文化对辽政权影响越来越大，越来越多的契丹人开始穿着汉服。

元朝时期，汉族所穿服饰与宋代差别不大，蒙古贵族所穿的服饰则非常具有民族特色。元代贵族女子的正式装束为身穿红色大袖袍，头戴高立的罟（gǔ）罟冠，这种冠是蒙古族已婚妇女的冠帽，也是蒙古族传统服饰的典型代表之一。

男子着元代辫线袍
出镜：周渝
摄影、妆造：蒋玉秋团队

元代男子所穿的服饰，颇具代表性的是辫线袍。辫线袍穿上后，人们行动便捷，所以很适合于征战、狩猎等场合。元代灭亡后，明代人在辫线袍的基础上，创造出曳撒、贴里等形制的汉服，并被明代宫廷所推崇。

第四章　端庄精致的明代服饰

1.遇见最“潮”的大明风尚

近十几年来，传统汉服备受喜爱，而各个朝代的汉服复原制作，又以明制最为还原，因为许多明朝服饰文物被留存了下来。例如孔府旧藏服饰，就涵盖了朝服、礼服、吉服、公服、常服、便服等服饰种类；面料方面绫、罗、绸、缎、纱无所不包，工艺方面刺绣、缂丝、手绘、印染等无所不有，可谓品类丰富，工艺精良，色泽鲜明。

提到明代服饰，华丽的蟒袍、飞鱼服或是女子的凤冠霞帔总是出镜率极高。这些吉服的纹样在今天看来依然精美华丽，大气典雅，但如果你认为明朝人的审美都只偏好华丽之风，可就错了。实际上，清新秀雅的明代便服——人们日常穿的服饰，也是这个时代的一抹色彩。

明代男子，尤其是文士阶层，平时皆喜欢穿着道袍或直身袍。这里的道袍可不是道教服饰，而是明代汉族男子日常穿着的便服款式，它既可以当外衣穿，也能作为里衬，颜色通常比较素。直身袍与道袍外表看起来有点儿像，但内部结构比道袍更简单，主要区别在于道袍有内摆，而直身袍没有。

由于穿衣服时，领口容易受到汗渍等污染，很快变脏，所以明代中后期，道袍、直身袍等便服上大量使用白色护领。用白色衬纸或白布盖住靠近脖子部分的衣领，一天换一次，领口显得既美观大方，又干净整洁。

《王时敏小像》，曾鲸绘，现藏于天津市艺术博物馆。画像中展示了晚明时期道袍的风貌

虽然风格清雅脱俗的道袍、直身袍是多数，但明代士人对服饰的穿搭和品位也是多元化的，大红大紫的道袍曾经一度备受读书人的追捧。在描绘明代名士的《松江邦彦画像册》中，就有许多穿衣达人。如吴嘉允身穿朱红色道袍，因色彩较为鲜艳，脚上则穿颜色比较低调的黑色白云纹布鞋。顾正心穿白色黑缘道袍，脚上则穿着

一双鲜艳的小红鞋。这种互补的穿搭还真需要一定的审美才能配得出来。

仿吴嘉允像中的明代道袍
出镜：周渝　摄影：阿宁

另外，明朝还出现一批喜欢“男扮女装”的名士，比如画家、诗人唐伯虎就曾身穿女装和人下棋；藏书家顾承学穿妇女的服饰，不仅披红衫，还涂脂抹粉。与此同时，大明女子穿男装的现象也很常见。明末清初的文学家褚人获在笔记《坚瓠（hù）集》里记载晚明时期苏州的穿衣风气："苏州三件好新闻：男儿着条红围领，女儿倒要包网巾，贫儿打扮富儿形。"万历年间的进士萧雍也记载了安徽地区"女戴男冠，男穿女裙"的现象。

2.越穿越长的女子上衣

明代的永乐皇帝将国都定在北京。北京夏热冬冷，天气暖和的时候，女子穿轻薄的衫，而到了冬天，为了抵御寒气，女子便穿上厚厚的袄子。袄子是一种加了里衬的上衣，比普通上衣里面多了一层，有时里面还会塞上御寒的棉絮等，这样就更保暖了。

明朝女子在袄子的领口设计出许多花样，由此又分出不同类型的袄子，比如领口呈方形的叫方领袄，圆形的叫圆领袄，衣襟左右交叠的为交领袄，还有领子竖起来的立领袄等。

上衣穿袄，下身穿裙，明朝时期流行一种做工复杂的“马面裙”。马面裙有几个特点：1. 正面呈长方形或者梯形，两侧打有细密的裙褶。2.裙子由两大片裙片组成，两片裙片交搭在一起，缝合于腰部。3. 马面裙一般有四个裙门，裙门两两交叠，能避免走光。“马面”原本指的是城墙上凸出的塔楼式建筑，由于马面裙的裙门与四四方方的马面十分相似，便得了这个名字。明代初年，上至皇宫女眷，下至平民少女，都喜欢短袄/衫与裙相搭配的穿着。

明代初年，女子的上衣比较短，长度仅仅到胯部，衣袖也比较窄小，但到了明代中期，衣身逐渐变长，衣袖也变得宽大。后来，女子的衣服越来越长，甚至长至脚踝，袖口也有一米多宽。

明朝晚期，江南地带经济富庶，一种衣身长至小腿，袖口异常宽大，颜色十分淡雅的长衫，在女子之间流传开来。女子还喜欢在长衫外搭一件比甲，比甲类似于今天的背心、马甲。由于上衣过长，女子的下裙仅仅露出一圈边缘。

女子着短袄与马面裙
出镜：侯佳明

当时的社会以瘦为美，长衫、长比甲使女子的身材在视觉上显得更加纤细修长。美人梳着高髻，拿着折扇，身体笼在宽松阔大的衣衫之下，优雅从容地行走在江南园林之中，别具风韵。

很快，这种风气传到了北方，北京的皇室成员、贵族妇女也纷纷变换衣装。崇祯皇帝的皇后与田贵妃都来自江南，到了夏天，她们用纯素的白纱做长衫，衣服上没有多余的修饰。这种穿法在宫廷中十分罕见，崇祯皇帝笑称皇

晚明江南女子装束，女子身穿立领白色长衫，
外搭蓝色比甲，衣身长至小腿
出镜：侯佳明　摄影、妆造：冬菱玉儿

后为“白衣大士”。自此之后，后宫女子纷纷用白纱制作长衫与裙子。

3.飞鱼服是锦衣卫的“工作服”吗

提到明朝，大家很容易想到电视剧里飞檐走壁的锦衣卫。说到锦衣卫，又会想到他们那一身帅气的飞鱼服。久而久之，锦衣卫、飞鱼服便被绑定在一起，构造出一套“官服体系”。

帅气的飞鱼服真的是锦衣卫的“工作服”吗？事实并非如此，飞鱼服不仅不是锦衣卫的专属服饰，甚至不属于明朝的官服体系。

严格地说，所谓的飞鱼服并不是一种服饰，而是服饰上飞鱼纹样的刺绣或者补子。什么是“补子”呢？原来，明代官员工作服的胸前或者后背会单缝一块圆形或者方形的布料，上面绣着飞禽走兽的图案，通过不同的禽兽图案，便可以判断出官员的品级。“衣冠禽兽”就是从这儿来的，最初这个成语并不是贬义词，反而是权力、地位的象征。

其实，飞鱼服属于吉服体系中的赐服。所谓赐服，就是朝廷赐予的特别恩典，类似于现代的荣誉勋章。在明朝赐服制度中，纹样最高级别的为蟒，其次是飞鱼，第三为斗牛、麒麟，所以就有了蟒服、飞鱼服、斗牛服、麒麟

明代香色飞鱼纹贴里，现藏于山东省孔子博物馆

服。但这些服饰并没有特定的形制，它们可能出现在端庄的圆领袍或直身袍的补子上，也可以是英武潇洒的曳撒、贴里袍上的刺绣纹样。

“曳撒”与“贴里”是明代宫廷广泛使用的便服。曳撒是一种有浓厚蒙古风的服饰，传承自元代，又称“一色”“一撒”，发音也源自蒙语。贴里的来源和曳撒基本一样。两者样貌比较相似，都分为上下两截。区分“曳撒”与“贴里”最直接的方法是看下摆，曳撒的下摆正中间有长方形的马面，而贴里下摆全是褶子。

《明实录》中记载了许多皇帝将飞鱼服赏赐给镇边将帅的例子。曳撒、贴里这种形制颇有戎装风采，绣上蟒、飞鱼、麒麟等纹样，显得既美观又英气十足，这就是许多剧组喜欢给武艺高强的厂公、锦衣卫穿上曳撒、贴里的原因。

在历史上，飞鱼服虽然不是锦衣卫的专属服饰，但某些时候确实会成为锦衣卫的“工作服”。例如在皇家重大典礼场合，作为担任皇家仪仗队的锦衣卫是可以穿上华美赐服的，毕

仿明代蟒纹贴里展示图
出镜：周渝　摄影：楼静

竟那样才能显示出大明皇家的排面。

到了明代中晚期，皇帝在许多场合滥赐飞鱼服。渐渐地，这种看起来“高大上”的赐服不仅在官员之间被滥用，就连老百姓也纷纷开始仿制。在万历年间，无论官场还是民间，跨阶级穿着赐服的风气已经一发不可收。换句话说，如果你生活在明代晚期，无论你是否得到皇家的赏赐，只要有钱，就能买到一身精美华丽的飞鱼服。

4.大明女孩的梳妆盒

明代初期，女子最喜欢的发型当数“鬏（dí）髻”，这是一种用马鬃（zōng，马颈上的长毛）、头发、篾（薄竹片）丝等材料编成的发套，呈圆锥形。女子将头发拢于头顶，戴上鬏髻后，再将挑心、分心、满冠、钿儿等首饰插在䯼髻上。一些颇有资财的女子，甚至将金、银扯成细细的丝，用来编织䯼髻发套，并用珍贵的珠宝装饰。

女子梳䯼髻
出镜：杨婉莹　摄影：会拍照的小晴天

晚明时期，䯼髻不再流行，女子喜欢将头发梳得蓬松高耸，余下的头发挽在脑后，编成一个简单的小发髻。其中最为出名的当数“牡丹头”——女子将头发分为好几股，分别卷在头顶，用丝带扎成发髻。牡丹头刚开始出现时，只有约十厘米高，后来涨到约二十厘米。发量不够的女子，就将假发填充到里面。因此，牡丹头会加大头发的重量，有些贵妇为了梳高高的牡丹头，甚至没办法挺直脖颈。

女子梳牡丹头
出镜：虞鸝

明代女子还喜欢戴抹额，抹额围在额头上，有效地修饰了发际线。抹额样式繁多，有的仅用一条黑色的布制成，有的抹额上穿了各种珍贵的珠子，名唤“珠子箍”。

最广为人知的抹额莫过于“卧兔儿”。“卧兔儿”又叫“昭君套”，有时也合称“昭

女子头戴卧兔儿
出镜：侯佳明

君卧兔”。冬天，女子用动物皮毛制作头套，不设帽顶，佩戴时在头上围作一圈，既保暖又美观，还不会弄乱她们精心梳妆的发髻。卧兔儿一直到清代还有人佩戴，《红楼梦》中的王熙凤、史湘云等，都戴过卧兔儿。

5.挑战火器的明朝“铁布衫”

如今，在世界各国的军队里，我们已经看不到甲胄的身影了。那么精美的甲胄为什么会被时代淘汰呢？这就要从热兵器的出现说起。

现代军队使用的枪炮都属于热兵器，而它们的祖先，就是古代出现的火器。大约在唐代，我国就出现了简单的火药武器。从南宋中期到元代的诸多战争中，火器已经常被使用。我国最早的管状火器出现在宋元之际，被称为“火筒”。当然，这个时候，全世界都在利用火药发展火器。

15世纪，欧洲火器进入鼎盛发展时期，欧洲大国皆装备了新式火器，并在16世纪传入中国。与此同时，中国的火器也在发展，明代更是取得空前进步。火器的出现意味着冷兵器的地位将逐渐降低，这对防御冷兵器而生的铠甲来说，是一个巨大的挑战。在冷兵器时代的黄昏，甲胄留下了最后一抹残阳。

永乐年间，明军组建了中国第一支成建制的火器部队神机营，并着手研究甲胄。他们发现，在宋朝时期传入中国的棉花经过纺织后，对早期的火器有比较好的防御力。

这种情况下，在元朝出现的布面甲，逐渐成为甲胄中的主流。什么是布面甲呢？从外表看，布面甲似乎与普通的棉衣差别不大，但它的内部用泡钉固定了许多铁片，外层的棉布主要起连接作用，核心防御力来自内层的铁甲，

身穿布面甲的明朝边军将士模型
收藏：周渝

相当于穿了一件“铁布衫”。棉质材料对火铳弹丸有缓冲作用，而内部的铁片、牛皮等材料是关键，两者结合，既能防御一部分火器，也能应对冷兵器的攻击。

布面甲大多是甲片内置的暗甲，也有一部分甲片在外的明甲。所谓“明甲”，是指防御冷兵器的铁片被安装在布面之外，而“暗甲”则是铁片置于布面的内部。明甲从外部看更美观，但将铁片做在衣服内部，不仅可以保温、防止铁片生锈，在搏斗时，敌人也不容易找到铁片空隙进行攻击，从而也能减少伤亡率。

这一时期，棉甲也比较流行。棉甲没有铁片，是将棉花放置在夹袄内制成的。广义来说，棉甲也属于布面甲。

不过，千万别认为布面甲就比传统的甲胄轻便。以明朝军队中比较常见的长身甲（甲胄的长度到小腿）为例，乍一看，长身甲仅仅是套了一件罩甲，比传统的甲胄简化了许多，其实它的重量非常惊人。根据明朝人唐顺之的记载，当时戍边将士的铠甲、战裙、遮臂等装备重四十五斤，铁盔、脑盖重七斤，加上护心铁、腰刀、弓箭等共有八十八斤，军士的负荷相当大。

在火器时代已来临，冷兵器时代尚未终结这个特殊阶段，甲胄既要防御火器的打击，也要防备传统的冷兵器，某种程度上，传统甲胄并未消失，只是穿进了棉衣里。因为布面甲集百家之长，实用性高，所以它的影响力波及东亚朝鲜等地，并被后来的清朝所继承。

第五章　转变中的服饰——从清代到民国

1.素雅的长衫与华丽的龙袍

清朝，朝廷实施“剃发易服”政策，要求全国其他民族剃满族发型（男子要把前颅头发剃光，后脑头发编成一条长辫垂下），改穿满族服饰。在这样的政策下，汉服的衣冠体系中断，从发式到服装都发生了颠覆性的改变。

不过在清代，也有一些服饰留着明朝服饰的痕迹，比较典型的有文人爱穿的长衫。长衫的生命力很强，一直到晚清、民国，很多知识分子都是以长衫的形象示人。正如鲁迅先生在《孔乙己》中写道："只有穿长衫的，才踱进店面隔壁的房子里，要酒要菜，慢慢地坐喝。"孔乙己虽然落魄贫穷，却也一直穿着长衫，认为那是身份的象征。这种长衫又称"长褂"，它的前身是明朝士人常穿的道袍、直身袍，到了清代，一些士人在明代服饰的基础上进行改进，例如将原来宽衣博带的风格变得窄瘦，把原先的交领改成圆领。

清代满族男子穿的旗装有几个特点，比如衣襟有一个折角的弧度，叫"厂字襟"；袖口前面常接一个半圆形的"袖头"，形似马蹄，名叫"马蹄袖"。

旗装中，又以行服袍颇具特色。行服袍是清朝男子外出巡行、狩猎时穿的，特点是朴素、便捷，适合运动。清朝将领穿着行服袍时，通常还会在外面穿行褂。行褂是一种短衣，衣长到肚脐，袖子仅仅超过手肘，由于穿着时便于骑马，也被称为马褂。后来，马褂逐渐演变成一种礼仪性服装，不论哪个阶层的男子，都喜欢在最外层套一件马褂。到了现代，人们在马褂的基础上，加入立领和西式剪裁，就成了“唐装”。

长衫、行服袍的色调通常清淡典雅，而清代皇家的服饰则以华丽绚烂为主。在中国国家博物馆的实物展品中，有一套康熙御用的石青实地纱片金边单朝衣，衣上有龙纹装饰，还绣着五彩云。在清朝各位皇帝的画像中，他们身穿的黄色朝服也十分华美。

康熙石青实地纱片金边单朝衣，
现藏于中国国家博物馆

《雍正帝读书像》轴

2.从旗装到旗袍

满族传统旗装

清朝时期，满族女子和汉族女子的服饰不同，但在两百多年的发展过程中逐渐交融。到了清代末年，处于统治阶级的满族人，服装上已经吸收了许多民间服饰的元素，而汉族女子的服饰当中，也体现着许多旗装色彩。

满族人的旗装原本叫“大袄子”，是一种直身袍服，主要特征是圆领、大襟、直筒腰身。满族女子穿上旗装，脚踩一双花盆底旗鞋，走起路来宛若“风摆荷叶”。汉族女子则将上衣与下裙分开穿，加上梳头时，喜欢将前额的头发分为三股，因此，当时有人形容汉族女子是“两截穿衣，三绺（liǔ）梳头”。

晚清汉族女子与满族女子服饰对比，左为汉族女子服饰，两截穿衣，着长袄与裙，右为满族女子服饰，穿直袍旗装

民国时，封建王朝的旧思想被扫进故纸堆。起初，服装领域的变革主要限于男子服饰，后来，女子也开始主动追求更适宜新时代的服装。汉族女子将上衣改得更为窄小贴身，

裙子也更简单便捷。这种袄与裙的搭配，曾经十分风靡，并经过几次改良。我国著名学者林徽因在培华女子中学读书时，所穿的校服就是经过改良的袄裙穿搭。

民国时期女子的袄与裙，图为林徽因在培华女子中学读书时与几位表姐妹的合影，右一为林徽因

从前旧时代穿在裙内的裤子，也纷纷跳出裙子的束缚，被女子当作外裤穿着。民国初年，上海地区的青楼女子率先展开“裤子革命”，她们用短袄搭裤子。这种穿衣方式便于生产生活，逐渐被大众接受。

在这种背景之下，19世纪20年代，现代旗袍在上海诞生了。我们通常认为，现代旗袍的款式源于旗装和长衫，同时吸收了西方服饰的特征，尤其大量借鉴了同时期西式女性礼服的元素。现代旗袍采用立体剪裁，衣服更加修身，从前被束缚在宽大厚

民国时期广告中穿旗袍的女子画像

重衣装下的身体，被解放了出来。

虽然脱胎于满族旗装，但现代旗袍的意义已经截然不同，它象征着女性反对封建压迫，追求自由、平等、平权的思想。也正因为这样，它遭到了部分保守人士的反对。文学家茅盾的《子夜》中写吴老太爷从乡下来到上海，一路所见的都是光怪陆离的灯光和高耸的摩天大楼，最让他崩溃的，是大街上身穿高开衩旗袍的女子。女子坐在黄包车上，跷起双腿。这一幕使吴老太爷全身发抖，大叫一声，昏死过去。

新式旗袍的特征之一就是“新”，它的款式并非一成不变，而是根据流行时尚不断改进，领口的高低、袖子的有无、衣袍的长短，都随着时代而变化。比如，19世纪20年代末，西方女子喜欢穿短裙，中国旗袍的衣长也跟着大幅度变短。女子穿旗袍时，有时还要搭配西方传来的丝袜，脚踩西式女鞋，外搭西式开衫等。可以说，旗袍自诞生之初，就带有浓厚的“时装”意味。

3.丰富多变的新发型

中国的封建王朝随着清政府的覆灭，走向了终结。摆在中国人面前的，是一个崭新而又复杂的时代。一方面，传统的思想道德还扎根在民族的记忆里，另一方面，西方吹来的风气改变着国人的观念。这一时期，女性的发型也体现着传统与创新，东方与西方相互碰撞、交融的特征。

清朝时期，满族女子隶属于“八旗”，因此以旗人自居，她们的发型被称作“旗头”。比较典型的旗头是“大拉翅”，这是一种假发髻，由黑色布料制成。清末民初，满族女子在大拉翅上插首饰、戴花。不过，这种发型因为使用不便，并没在民国时期延续太久。

女子头戴大拉翅

汉族的保守女子在进入民国后，依旧保留着清末的发髻。此时流行的发髻有元宝髻、一字髻、香瓜髻等，大多是将头发拢在脑后，盘成发髻的样式。此时的富裕人家还会雇人专门给全家女眷梳头，上至老祖母，下至小孙女，一天梳一次。值得一提的是，这一时期还开始流行“刘海儿”。在中国古代，成年女子一般是不留刘海儿的，而晚清民国时期，各种各样被精心打理的碎发，出现在女子的额头前。

晚清民国汉族女子发型，
摄影：约翰·汤姆森

而“革新派”的女子，则抛弃了旧有的繁复发式，她们大胆地拥抱新潮流，追求自由、方便、简洁。最具有变革意义的事件，当属“剪发”。中国古代“身体发肤，受之父母，不敢毁伤”的原则被打破了，民国女子纷纷剪掉长发，抛下沉重的发簪、发钗，她们留着齐耳短发，清爽干净，方便梳洗。

还有一些少女，开始在头上梳麻花辫，有的一左一右扎两根麻花辫，有的则梳一根麻花辫，垂在身后，辫子上缠头绳装饰。在《白毛女》的故事中，喜儿家境贫穷，过年的时候，父亲看到别人家的女孩头上戴花，没钱买花的他，扯了二尺红头绳带给喜儿。当时喜儿的发型，就是简单的麻花辫。

20世纪初，美国好莱坞的女星头上常顶着一头时髦的鬈发。西方国家流行“烫发”，这股风气不久便传入了中国，并很快在追求时尚的女子群体中盛行。起初，烫发还有风险，因烫发引发火灾的事时有发生。后来，欧洲电烫技术被引入上海，烫发安全系数大大提升，只不过价格昂贵，普通百姓消费不起。民国著名女影星胡蝶就非常喜爱烫发，几乎每周都要去

民国时期女影星胡蝶

理发店修理发型。那时的女星拍电影时，也总要先将头发烫卷。

后来，随着技术的进步，烫发不再昂贵。于是，社会各界的女子，纷纷烫起了鬈发，大家的头发烫得“比堆花奶油蛋糕上的花还要精细”，甚至还有六十多岁的老太太烫发。

短短几十年间，女子的发型经历了飞速的变换。身处变革时代，不同身份的女子因为各种缘由，选择了不同的装束风格，着力在外貌上表现自我，这才促成了民国时代丰富多元的女子发型。

4.清代戎服：千年甲胄的黄昏

清朝时期，中国的铠甲有许多精美之作，其中又以皇帝所穿的铠甲最精致。

清代皇帝传世的甲胄不少，例如顺治帝的蓝色棉甲、康熙帝的明黄缎绣平金龙云纹大阅甲、咸丰大阅甲，等等，不仅实物多，清朝君臣还有绘制、拍摄戎装像的爱好，因而留下了不少宝贵的资料。

其中，意大利画家郎世宁为乾隆绘制的《乾隆皇帝大阅图》出镜率极高。画中的乾隆皇帝佩戴弓箭，跨着骏马，身着明黄色华贵甲胄，英姿焕发。这套大阅甲现在藏于北京故宫博物院，甲的面料为明黄缎，上面绣有五彩朵云、金龙纹，金铆钉排列规整，裙甲（甲胄腰部以下的防护部分）上有海水江崖图案，奢华至极。除此之外，乾隆皇帝还有其他几套风格不同的名贵甲胄，论精致、华美，都远超同时期普通将士所穿的甲胄，但这些甲胄都是不上战场的工艺品。

《乾隆皇帝大阅图》

这一时期，布面甲大行其道，并形成统一的形制。士兵基本穿暗甲，皇帝和将领有少数明甲。为适应辽东寒冷的天气，清朝军队对甲胄进行加厚处理，对棉进行压实时，采用了更厚实的棉布。

清朝初期，清朝军队还很看重冷兵器作战，他们将两层棉布之间的铁甲加厚，最后用铜钉固定。这种布面甲不仅对火器的防御效果非常好，对传统的弓弩也具有较好的防御能力，平时穿还能防寒。不过，这也加重了军士负荷。

18世纪至19世纪，西方的热兵器发展得非常迅速，再坚硬的铠甲在新型火器面前也只能是螳臂当车。在国外，甲胄已经逐渐被淘汰。所以到了清朝中后期，甲胄也逐渐被废弃。在新式火器面前，铁片已经没有太多意义，变成

仿清代镶白旗甲胄展示
出镜：周渝

了纯粹的棉甲，一般就在仪仗场合穿一穿。

清朝末期，随着新军编练，制服取代甲胄已经是世界潮流，曾在中国历史舞台上活跃了几千年的甲胄，也随着帝制时代的终结而没入历史长河。

鸣　谢

感谢《国家人文历史》《中国甲胄史图鉴》《原色三国志》提供部分图片。感谢蒋玉秋老师团队复原相关服饰，感谢乔织、如是观、华姿仪赏、入时无、控弦司、函人堂等汉服、甲胄品牌提供部分服装。

作者介绍

侯佳明

青年作家，中国传媒大学博士生，担任《国家人文历史》期刊《汉服之始》《盛世霓裳》等服饰史类选题策划及主笔。

周渝

青年作家，“紫金·人民文学之星”奖获得者，第三届中国90后作家排行榜第一名，现任职于人民日报社《国家人文历史》杂志社，已出版《原色三国志》《中国甲胄史图鉴》《卫国岁月》《战殇》等著作。